최강 스도쿠 1 (초급)

최강 스도쿠 1 (초급)

2019년 7월 15일 1쇄 발행
2023년 10월 7일 3쇄 인쇄
2023년 10월 10일 3쇄 발행

그림 · 기획 | 퍼즐 아카데미연구회
감수 | 강주현
엮음 | 편집부
펴낸이 | 이규인
편집 | 최미라
펴낸곳 | 도서출판 창
등록번호 | 제15-454호
등록일자 | 2004년 3월 25일
주소 | 서울특별시 마포구 대흥로 4길 49, 4층(용강동 월명빌딩)
전화 | (02) 322-2686, 2687 **팩시밀리** | (02) 326-3218
홈페이지 | www.changbook.co.kr
e-mail | changbook1@hanmail.net

ISBN : 978-89-7453-461-5(13410)

정가 8,000원

THE STRONGEST SUDOKU
최강 스도쿠

초급

창
Chang
Books

가장 어려운 '스도쿠'를 갈망했던 분들께 드리는

최고의 선물!

지금까지 세상에 나온 스도쿠 책을 모두 섭렵하고 '이제 더 이상 내가 풀 수 없는 문제는 이 세상에 없는가?'라며 어려운 문제에 목말라 있던 스도쿠 마니아들! 그들의 갈증을 해소하기 위해 탄생된 이 책이 드디어 여러분을 찾아갑니다. 여기 실린 모든 문제들이 결코 만만하게 풀리는 문제가 아님을 다시 한 번 상기하셔서, 급하게 다가가지 말고 충분히 시간을 들여 즐기듯이 풀어주십시오. 이 책을 펼치는 모든 분들이 너무 어렵다고 포기하지 않으셨으면 하는 바람입니다. 끝까지 풀어내는 당신이야말로 스도쿠의 최고수입니다!

◆스도쿠 룰과 풀이 방법◆

룰

1. 세로 9열, 가로 9열의 모든 열에 1~9까지의 숫자가 하나씩 들어갑니다.
2. 굵은 선으로 그려진 모든 9개의 칸 안에도 1~9까지의 숫자가 하나씩 들어갑니다.

풀이 방법

최강 스도쿠를 풀기 위해서는 각각의 문제에 따라 몇 가지 테크닉이 필요합니다. 테크닉의 종류를 크게 나누어 보면 네 가지가 있습니다.

가. 어떤 숫자가 어느 칸에 들어갈까
나. 어떤 칸에 어느 숫자가 들어갈까
다. 복합적인 테크닉(정원定員을 확정하는 방법)
라. 고도의 테크닉(숫자 게임의 최상급 해법 테크닉)

기본적인 방식은 가와 나의 두 종류입니다. 다의 복합적인 테크닉은 그것들을 한데 조합한 것에 불과합니다.

가와 나에서도 각각의 열에 주목을 하거나 블록에 주목하는 두 가지 풀이 방법이 있습니다. 일단은 기본적으로 각각의 패턴을 익히도록 합시다.

가. 어떤 숫자가 어느 칸에 들어갈까

1. 열에 주목

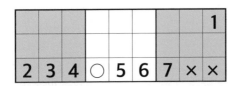

1이 위에서부터 셋째 열의 어느 칸에 들어갈지를 생각해 봅니다. ×가 있는 칸은 블록 안에 이미 1이 들어 있기 때문에 안 됩니다. 1은 ○의 칸에만 들어갈 수 있습니다.

2. 블록에 주목

1이 왼쪽 위 블록 안의 어떤 칸에 들어갈지를 생각해 봅니다. 세로 열, 가로 열에서 중복되지 않는 칸은 ○의 칸밖에 없습니다. 그러므로 ○에 1이 들어갑니다.

×	×	×				1
×	×	×			1	
○	×	2				
	1					

나. 어떤 칸에 어느 숫자가 들어갈까

3. 열에 주목

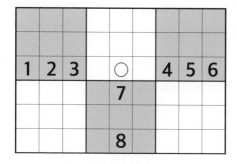

    ○의 칸에 들어갈 숫자가 무엇인지를 생각해 봅니다. 세로 열, 가로 열에 9 이외의 숫자가 이미 들어 있습니다. ○에 들어갈 숫자는 9밖에 없습니다.

1		2			
3		4			
	○		5		6
	7				
	8				

○의 칸에 들어갈 숫자가 무엇인지를 생각해 봅니다. 블록 안에 1~4, 세로, 가로 열에 5~8이 이미 들어가 있기 때문에 ○에 들어갈 것은 9밖에 없습니다.

다. 복합적인 테크닉(정원을 확정하는 방법)

5. 정원을 확정하는 방법 1

		☆	5	☆			
	1	3			4	2	
2			4	○	6		1

○의 칸에는 어떤 숫자가 들어가야 할까요? 그것을 결정하기 전에 두 개의 ☆ 칸에 들어갈 숫자를 생각해 봅시다. 이 두

칸에는 세로 열부터 1, 2(순서가 같지 않음)밖에 들어갈 수 없기 때문에, 쉽게 말해서 정원이 꽉 차 있다는 것을 알 수 있습니다. 그렇다면 ☆이나 ○의 어느 한쪽에 들어가야 할 3은 ○에 들어가도록 정해집니다.

6. 정원을 확정하는 방법 2

1	○	☆				
			3		4	5
☆		2		5		
	3					
	4					

5와 같은 방식이지만, 세로와 가로 양 방향에서 정원이 꽉 차 있는 칸을 찾아내는 방법입니다. 두 개의 ☆ 칸에는 3과 4밖에 들어갈 수 없습니다. 그렇다면 이 블록 안에서 5가 들어갈 칸은 ○ 칸밖에 없습니다.

		1		2			
3	☆	4		○		5	☆	6
			2	★	1		
	7						8
			5	★	6		

　최상급 문제에서는 정원을 확정하는 방법을 두 번 이상 이용해서 특정 칸에 들어갈 숫자를 찾아내야 할 경우도 있습니다. 이것은 바로 그 예입니다. 이미 ☆ 칸에는 1, 2가 들어가 있기 때문에 ○와 그 좌우의 3칸에는 7~9의 숫자가 들어갈 수 있습니다. 또한 ★ 칸에는 7, 8이 들어간다는 것도 알 수 있습니다. 따라서 ○ 칸에는 9밖에 들어갈 수 없습니다.

라. 고도의 테크닉(숫자 게임의 최상급 해법 테크닉)

8. 세 개의 숫자 동맹

　숫자가 세 개 이상이더라도 그 숫자와 같은 만큼의 칸을 차지하는 경우, 정원을 확정하는 방법을 쓸 수 있습니다. 기본적인 방법은 두 개의 숫자일 경우와 같지만, 세 개의 숫자 이

상이 되면 실수할 확률이 배가 되기 때문에 동맹 숫자를 찾기 위해 세심한 주의를 기울여야 합니다.

	6		5					
	4						5	
			4		1		6	
☆	★	2	★	☆	3	9	★	☆
5			2	6				4
	1							

★로 표시된 세 칸에는 세로 열과 블록에 있는 숫자에서 4, 5, 6의 숫자는 들어가지 않습니다. 따라서 ★에는 1, 7, 8 중에 하나가 들어가고, ☆에 4, 5, 6 중에 하나가 들어가게 됩니다. 예제에서는 그 덕분에 하단 중앙의 블록 안에 1이 들어갈 칸을 찾아낼 수 있습니다.

	6		5					
	4						5	
			4		1		6	
		2	1		3	9		
5			2	6				4
	1							

하단 중앙의 블록에서 1이 들어갈 칸이 결정됨

　세로 열, 혹은 가로 열의 어느 한쪽에서 어떤 숫자가 사각형의 어느 한쪽과의 대각을 이루는 칸에 들어간다는 것을 알았을 경우에 쓰는 테크닉입니다.

	×				7	×		
	×					×		
8	★	3				☆	2	4
	×					×		
4	×	2		1		8		5
	×					×		
5	☆	8				★	9	6
	×					×		
	×		7			×		

　가로 열에서 생각해 보면 위에서 셋째 단과 일곱째 단의 열은 모두다 ★ 또는 ☆의 어느 곳인가에 7이 들어갑니다.

　사각형의 대각선에 위치하는 ★★ 혹은 ☆☆의 어느 한쪽에 들어가게 되는데, 어쨌거나 그 ★☆이 있는 세로 열의 어느 한 곳에 7이 들어가기 때문에 그 이외의 × 칸에는 7이 들어갈 수 없습니다. 따라서 다섯째 단의 열에서 7이 들어갈 칸을 찾을 수 있습니다.

				7			
8	★	3			☆	2	4
4		2		1	8	7	5
5	☆	8			★	9	6
			7				

다섯째 단의 열에서 7이 들어갈 칸이 결정됨

CONTENTS

스도쿠 룰과 풀이 방법···004

Question···015

Answer···137

Question

001

3	4						2	1
		7				4		
1	2			4			5	6
			8		1			
		6		5		2		
			4		9			
8	9			1			4	5
		5				3		
6	7						8	9

Date.

Time.

16

	2		3					
4		1		5			3	
							4	
					6	7		5
	8						9	
6		3	9					
	5							
	7			8		1		2
					4		6	

Date.　　　　　　　Time.

8					4	9		
	3						7	
		5		6				8
					5			6
		3				5		
9			4					
4				9		2		
	7						3	
		8	2					7

Date.

Time.

		4	1			7		
						1	8	
2	3			9				
1			4				3	
		7				6		
	5				8			4
				3			4	2
	4	5						
		6			1	8		

Date. _____   Time. _____

		5	2					6
		3	5				4	
8	7							
9	4				2			
				7				
		8					5	9
							3	8
	6				8	2		
2					4	7		

Date.   Time.

	1						5	
2	3			5			8	1
				4	8			
		4						
	8	9		3		1	4	
						2		
			3	8				
5	6			1			9	4
	7						3	

Date.

Time.

007

4					5	6		
	7						5	
		9		2				3
			9					8
		3		8		4		
5					2			
6				1		7		
	1						2	
		5	3					9

Date.

Time.

22

9							7	6
8		4						2
		2		8				
				5		4		
	6					3		1
	5		4					9
			2		1			
3					5		1	
2	4						9	

Date. _____

Time. _____

009

	6	2				5	9	
9				8				7
7		5	2		3	1		4
1		9				8		6
		8				2		
				6				
				7				
	4		5		8		3	
	7						8	

Date. _____

Time. _____

		1		2				
			4			5		
3		6			5		4	
	2					9		
8								7
		5					1	
	9		7			2		8
		4			2			
				5		6		

Date.

Time.

011

9			1		2			
	7			5		1		
		3					5	
	3							5
7			4		1			2
6							9	
	6					2		
		9		6			3	
			7		4			8

			4	8			6	
		5			2			7
	4				3			
	2					3		
		4		7		6		
		6					9	
			3				5	
3			8			9		
	7			6	1			

Date.　　　　　　Time.

013

1			4			7		
		3			6			9
2			5			8		
	4						7	
6								8
	7						2	
		5			3			7
8			2			4		
		9			5			1

Date.

Time.

		1			9		4	
		2						6
	4			3		1		
		5					2	
7			6		4			3
	8					5		
		9		7			6	
2					8			
	1		5			9		

Date. _____ Time. _____

015

4	5				3			7
					9			8
			8		6			
1	3	5				4		
		4				2	8	1
			7		1			
6			5					
9			6				3	2

Date.

Time.

	1				5		4	
3				7		6		
		5						2
	4				6			
7				5				3
			3				7	
4						8		
		1		2				5
	7		1				6	

Date.

Time.

			5		3			9
7				9		1		
		2						
	9		3				2	
2				1				4
	8				5		6	
						8		
		4		2				7
1			6		8			

Date. _____   Time. _____

	2		1					8
3					7		5	
		5				3		
4			6		2		9	
	7		3		4			5
		8				1		
	6		7					2
9					6		4	

Date.

Time.

019

	3				4			
6						8		
			5	1			2	
		8			2			6
		7				1		
9			3			4		
	2			9	8			
		5						7
			6				3	

Date.

Time.

			2		6			
		3				5		
5			7		3			2
	5			4			7	
		1				6		
	9			8			2	
7			3		4			1
		6				3		
			5		9			

Date. Time.

9								2
		3			6	4		
	2		4			1	6	
		1					5	
				5				
	9					6		
	5	8			7		9	
		7	1			8		
2								3

Date. _____ Time. _____

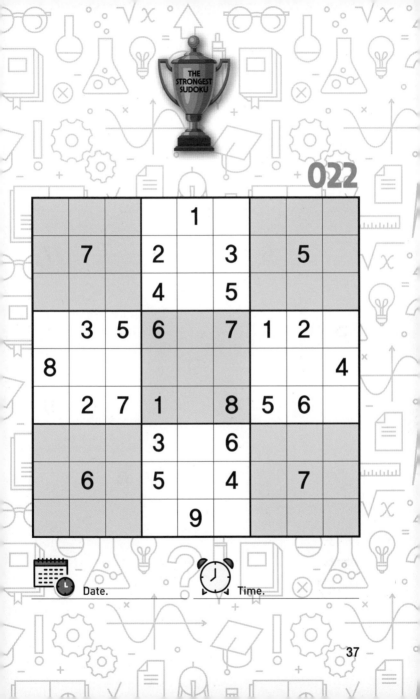

	2					1		
		5			9			7
			6	8			3	
6					5	4		
	1			9			2	
		3	7					9
	7			1	3			
9			2			6		
		4					5	

Date.

Time.

		2	6			5		
3				4			2	
			9					
		3						9
2			4	5	6			8
1						7		
					1			
	9			2				7
		7			4	8		

Date. _____   Time. _____

025

					4	5		
	2					7		
	9			3			1	
			7				6	
1		9				3		2
	3				5			
	8			1			9	
		5					8	
		4	2					

Date.

Time.

40

		2	3		1	4		
	9			4			2	
1		3			5			
2			7			6		
	3						7	
		4			3			8
			5			2		9
	8			6			1	
		5	1		7	8		

Date.   Time.

027

		4	5					
	3			6		9	8	
	2			7				6
								5
	4	8				6	9	
3								
1				4			3	
	8	5		3			7	
					9	4		

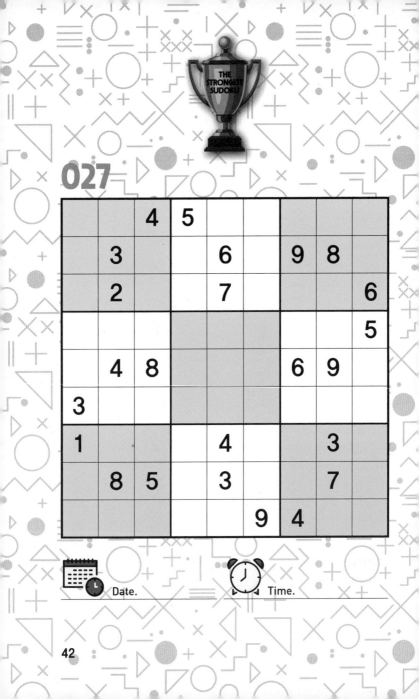

Date.

Time.

2								3
			4	5	6			
		1				6		
	8			3			4	
7								2
			8	7	5			
		3				8		
	2						5	
1			9		4			6

Date. _____

Time. _____

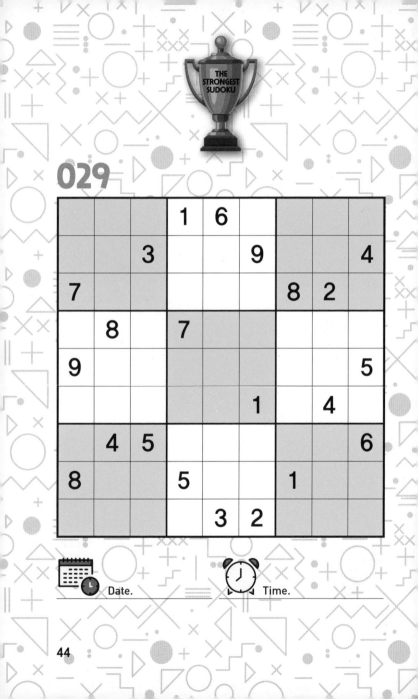

029

			1	6				
		3			9			4
7						8	2	
	8		7					
9								5
					1		4	
	4	5						6
8			5			1		
				3	2			

Date. _____   Time. _____

44

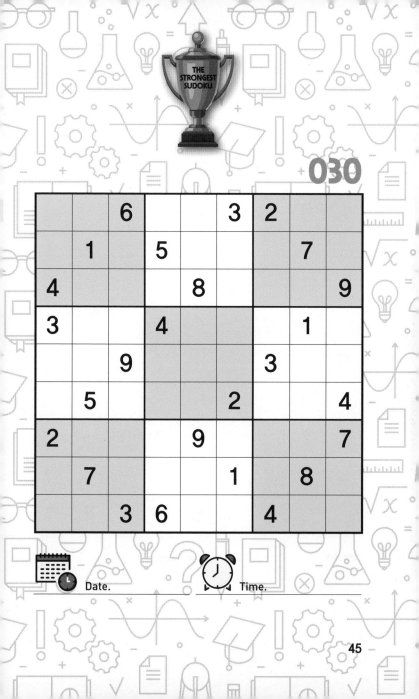

030

		6			3	2		
	1		5				7	
4				8				9
3			4				1	
		9				3		
	5				2			4
2				9				7
	7				1		8	
		3	6			4		

Date. _____ Time. _____

031

1	8			3				
3						5	2	
		6	9				8	
		8						
5				1				4
						7		
	7				2	9		
	5	3						8
				6			4	1

Date. _____   Time. _____

46

		9				8		
	5				1		2	
4					8			1
	2	6	5		7			
			3		9	1	5	
8			6					9
	1		2				3	
		7				4		

Date.

Time.

033

		4			7			
				6			9	
		3			5			1
	6					4		
8			9		2			5
		1					3	
9			1			6		
	5			8				
			4			7		

Date. Time.

4			2					
	6	3			1	8		
				7			5	
				3			1	
					5	7		
	2	8						9
1			8				2	
7			6				4	
	5	9						3

Date. _____ Time. _____

	5		3			2		
		8			9			4
2				8			5	
	6							3
		9		4		1		
4							6	
	4			1				5
3			9			6		
		7			3		1	

Date.

Time.

			2					7
6		4			5		3	
	5		7			2		9
				4				
3		1			8		6	
	2		8				1	5
9				6				

Date. _____

Time. _____

		6	9					
	8			7			4	
					5			2
		4						8
	9			4			2	
3						6		
5			6					
	2			3			5	
					7	9		

Date.

Time.

		7						1
	2		6			7		
4		5			9		2	
	1				6	8		
				4				
		2	8				5	
	8		5			4		3
		6			4		9	
9						1		

Date. 　　　　 Time.

					5			6
	4	9						
	2	8		7				
			3		9			7
		4				2		
3			6		2			
				8		4	1	
						9	8	
4			5					

Date. _____ Time. _____

	1		3		6			
8				2				7
		5					9	
	7		5					1
		2		4		6		
4					9		8	
	6					5		
3				1				2
			7		8		4	

Date.

Time.

041

		2	5					
	9			6				
	4			8		7	3	
		8	1			3	9	
	6	7			5	4		
	8	3		9			4	
				4			6	
					8	2		

Date.

Time.

56

2						7	
		8				6		
			8		4			
	1			2			3	
		4				5		
			6		7			
	9			3			6	
		7				4		
2			1		9			3

Date.

Time.

	6				2	9	4	
7				1				6
		3						7
				9				8
	5		1		4		9	
4				2				
3						7		
2				5				1
	8	1	6				3	

Date.

Time.

				8	4	2		
							7	
		3	5	7			4	
	4				9			6
7								8
5			6				9	
	2			4	7	5		
	9							
		5	3	6				

Date. _____   Time. _____

045

5					1	7		
	6			4			3	
		4	8					9
3								
	1						8	
								4
6					3	9		
	2			5			1	
		8	6					2

Date.

Time.

60

				3		6		
	3				7		2	
9		1				5		
	2			4				
8			2		1			9
				8			5	
		6				7		4
	7		5				8	
		3		9				

Date.

Time.

THE STRONGEST SUDOKU

		8	5		4	9		
				7				
	7			2			5	
	5						4	
		9	4		6	3		
	3						2	
	9			3			6	
				9				
		6	2		5	8		

Date.

Time.

4			2					5
		8		6			3	
	6				7	8		
2					9	7		
	8						2	
		1	5					4
		3	4				6	
	7			9		3		
5					8			9

Date.

Time.

		2	6					
	3			1		7		
5				2			8	
			4				6	
		8				9		
	5				3			
	6			8				4
	3			9			5	
					7	3		

Date.

Time.

8			5					6
		1		2				
	3						9	
		4				7		2
			8		5			
6		7				3		
	4						5	
				3		1		
9					6			8

Date. _____ Time. _____

3					8	5		
				6			4	
		9	4					7
	5				4			2
		7		1		8		
4			2				6	
2					9	1		
	1			3				
		5	7					6

Date.

Time.

		3	8					
					5	6		
9			7				8	
5		8	1				7	
				3				
	2				6	5		9
	7				8			4
		1	3					
					9	2		

Date. _____   Time. _____

	2		5					
		1		4		9		6
	3		7				8	
						3		1
	8						7	
4		5						
	6				8		9	
9		7		3		4		
					1		2	

Date. _____ Time. _____

		2			1			6
3			4			2		
		6		2				
	4						2	
7			5		6			9
	8						3	
				8		9		
		1			5			7
9			7			3		

Date. _____ Time. _____

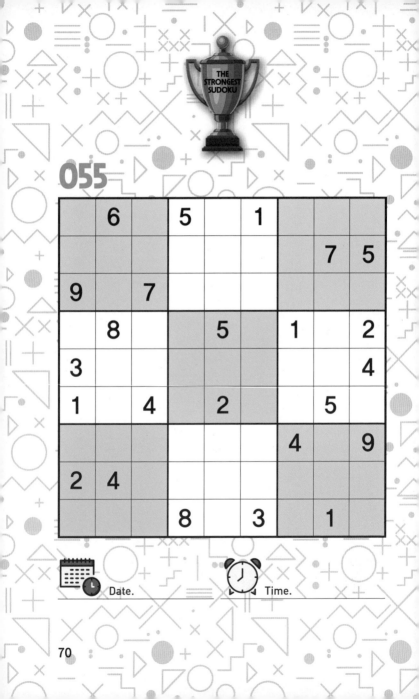

055

	6		5		1			
							7	5
9		7						
	8			5		1		2
3								4
1		4		2			5	
						4		9
2	4							
			8		3		1	

Date.

Time.

	8				9			7
6		2	4			5		
	3				1			
	9		1			6		
		4			2		5	
			5				1	
		6			3	8		9
7			6				3	

Date.

Time.

057

		1				6		
				2			1	
7		5	8		9			
					5		8	
		4				9		
	2		3					
			4		1	5		2
	9			3				
		6				7		

Date.

Time.

4			2					3
		7				4		
	5			9			6	
9					4			
		3				2		
			7					4
	7			5			8	
		2				3		
3					9			6

Date.

Time.

			2	9				
8						6	2	
3		5						
		9			3	4		
1								6
		6	9			7		
						2		4
	8	4						9
			8	5				

Date.

Time.

4				5			3	
		7		3				9
	2					6		
			9					
8	6						5	7
					4			
		3					8	
5				7		4		
	9			2				6

Date.

Time.

		1			4		2	
6				3				5
	4		8			7		
				6				
		4			7		3	
				9				
	9		2			1		
3				8				9
		6			1		7	

Date.

Time.

THE
STRONGEST
SUDOKU

062

	5		2		9			4
				8				
6		3						1
	1						5	
		7		2		6		
	9						7	
7						9		5
				4				
4			9		8		1	

Date.

Time.

77

063

	2							8
	3	4	5					
			6		7	9		
					8	6		
	8			9			7	
		5	3					
		6	9		4			
					5	7	4	
8							2	

Date. _____

Time. _____

					9	7		
8			5			2		
4	6							
						4	6	
	3			6			8	
	5	2						
							3	9
		6			7			5
		9	4					

Date.

Time.

065

		3	8				7	
9					4			
			6					9
	6					5		2
				1				
5		4					9	
3					9			
			2					8
	4				5	2		

Date.

Time.

				8			3	
1	6			4			9	
		5			7	2		
		1						
2	8						4	1
						7		
		3	5			4		
	7			1			8	6
	4			9				

Date. _____ Time. _____

067

	6					1		
		4		3			9	
			1			8		6
	8				5			
		9		8		3		
			2				7	
9		6			7			
	1			5		6		
		7					2	

Date.

Time.

7						9	2	
	9				4			
		1			3		4	
							3	
		5	6		7	8		
	2							
	8		4			3		
			7				9	
	3	9						4

Date.

Time.

069

	8	9				5		
					6			
2	1			4				7
3			6				8	
		6				2		
	7				3			5
9				5			7	8
			4					
		3				1	9	

Time.

THE STRONGEST SUDOKU

070

		1				5		9
	8		2					
				3				2
2					4			
	7			5			3	
			6					1
6				7				
					8		5	
4		5				9		

Date. _____   Time. _____

071

9			2					5
	4			7			8	
		6				7		
8					2			
	7			6			1	
			7					8
		4				1		
	1			9			4	
3					5			2

Date.

Time.

	6				5			8
9			4				3	
		2				5		
	5				6			9
2			3				8	
		7				4		
	9				8			7
6			5				2	

Date. _____

Time. _____

	4							3
6			8				9	
		1		2		4		
	8				3			
4								7
			9				4	
		2		6		1		
	7				4			8
3							6	

Date.

Time.

					7	5		
					2		8	6
				5				2
				8	5		2	
	3	5				7	4	
	1		4	9				
1				6				
3	8		5					
		7	9					

Date. _____   Time. _____

075

		6		8		5		
			1					
8		9		3				4
	7							
2		5				6		9
							3	
4				6		8		5
					3			
		8		9		4		

Date.

Time.

		2				6		
9			4		2			5
				3				
		8				1		
	7	1		8		9	6	
		5				4		
				5				
3			8		9			4
		4				2		

Date.

Time.

				7		6		
	8	2				5		
		1			8		2	
		5		6				7
			4		1			
4				9		3		
	7		6			9		
		6				2	1	
		3		1				

Date.　　　　　　Time.

8			2				7	
		1			5			4
	7					8		
5			4				3	
				1				
	3				6			5
		9					1	
1			7			3		
	6				4			2

Date.

Time.

	8		5	3		2		
								8
9		2			6	4		
		4						3
8								9
6						7		
		1	8			3		5
3								
		8		5	4		6	

Date.

Time.

		3			6	7		
	2		4	5			8	
1								9
	5							4
	8					6	3	
7					9			
4				8				
	9			3				1
		6	2				4	

Date. _____

Time. _____

			5		7			3
	4					9		
				3				8
2		6			3		4	
	8		4			7		9
5				9				
		3					6	
4			8		2			

Date.

Time.

		9			8	5		
	6			2			8	
7			4					1
3					7	8		
	7			8			4	
		4	1					9
2					3			5
	3			5			2	
		5	6			7		

Date. _____ Time. _____

2			5				6	
				9				7
	3				8			
		3					8	1
6			9		4			2
5	9					4		
			2				5	
1				6				
	2				3			4

Date.

Time.

		3					2	
8				2	6		1	
				8				
6						2		
4		2				9		7
		1						4
				7				
	5		8	4				6
	3					5		

Date. _____ Time. _____

085

8				7		6		
	7				3		2	
3								1
	9			3				
		5				7		
				6			8	
6								4
	2		5				6	
		4		1				9

Date. _____   Time. _____

				6				9
	9				7		8	
		5	1			3		
		9	8					
	2			4			6	
					6	7		
		3			5	4		
	4		2				3	
5				1				

Date. _____ Time. _____

		3						8
5			9			6		
	2			1			7	
		1	2		3	4		
		4	5		6	7		
	4			7			1	
		7			4			5
9						8		

Date.

Time.

						4		5
	2	3	7					
	4		8					6
	7	8	3					
				9				
					8	2	5	
2					6		9	
					5	7	8	
3		4						

Date.

Time.

089

			1				6	
7				4		2		
	8				3			
		4	8					5
	2						7	
1					6	3		
			5				4	
		3		7				8
	6				2			

Date.

Time.

9				8				4
	7				6		3	
		8				5		
			1					9
	4			2			6	
1					3			
		5				8		
	6		7				2	
4				9				5

Date.

Time.

	2				8			4
		1		9			3	
6			5			7		
	3				2			
		9				1		
			4				7	
		8			3			5
	5			1		9		
4			7				2	

Date.   Time.

							4	
	4		8			6		2
		9			7		3	
	6		9			5		
		3			4		8	
	7		5			2		
9		4			3		1	
	5							

Date. _____ Time. _____

1					8			
	7			4		9		
		3	6				2	
		7	1					3
	2			5			7	
8					9	6		
	6				5	8		
		9		3			5	
			7					1

Date.　　　　　　　　Time.

THE STRONGEST SUDOKU

094

	8	4						
			7					5
				9	3			2
		3					5	
		9		4		7		
	2					3		
8			5	2				
6					4			
						6	9	

Date.

Time.

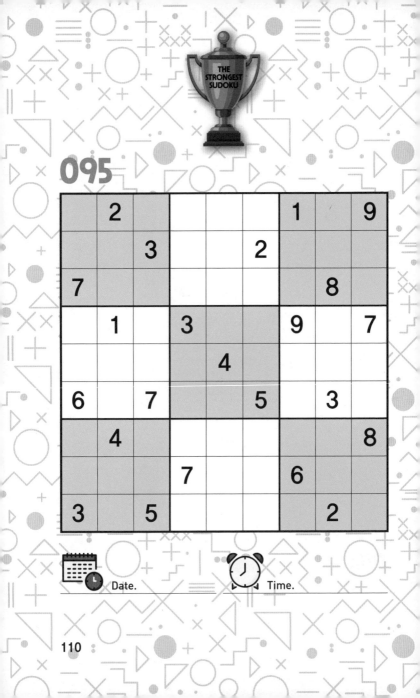

THE STRONGEST SUDOKU

095

2				1		9
	3			2		
7					8	
	1		3		9		7

2					1		9
	3				2			
7							8	
	1		3			9		7
				4				
6		7			5		3	
	4							8
			7			6		
3		5					2	

Date.

Time.

110

5		6		7		8		
	1		2		3			
4		7		1				
	4		1					
		3				9		
					2		6	
				9		6		3
			8		6		7	
		2		3		4		5

Date. _____ Time. _____

	6	2	8				1	
		4				2		
9					3			
7	2				4			
4				5				6
			6				9	7
			7					2
		8				3		
	9				6	5	4	

Date.

Time.

8					9		4	
8						2		
	6		2		1			
3		9		7		5		
		4		5		6		7
			4		3		9	
		6						1
	2		5					

Date. _____   Time. _____

099

				8	2			
	3		6			4		
			3				5	
	2	8						5
7				6				4
1						2	7	
	6				3			
		5			1		9	
			4	2				

Date.

Time.

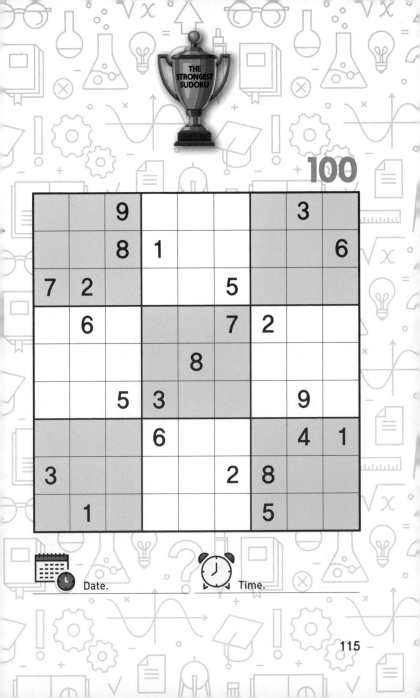

		9					3	
		8	1					6
7	2				5			
	6				7	2		
				8				
		5	3				9	
			6				4	1
3					2	8		
	1					5		

Date. _____ Time. _____

101

				4		5		
	1	3	7			9		
6					9			
8					5			
	7	4				6	3	
			1					9
			3					4
		9			2	1	7	
		5		6				

Date.　　　　　Time.

	9			7		6		
			1					5
8					9			
		1	6		3		8	
6				4				9
	3		2		8	4		
			8					3
2					5			
		9		2			7	

Date. Time.

103

		6			7			1
	4			5			2	
2			6			3		
		7					4	
3				1				5
	6					9		
		5			9			6
	1			8			3	
8			4			2		

Date. _____   Time. _____

118

				2	7			
			1			3	5	
		4					9	
	7				5			1
3				4				6
8			9				2	
	5					4		
	2	9			3			
			6	8				

Date. _____ Time. _____

	1				2			5
						3	4	
		7	8					
	6				7			3
5				9				8
4			6				2	
					4	7		
	9	6						
3			9				1	

Date. _____

Time. _____

					5	9		
		2	7				8	
	3			4			1	
	4				9	3		
		6						2
1			8				5	
8			3					
	9	7			6			5
				1			4	

Date.   Time.

					7			2
	5						8	
3			9	4				
		9			2			3
		7				6		
8			5			1		
				9	4			7
	8						5	
6			1					

Date.

Time.

		5	3					2
				2			4	
2						1		
4					1			
	1			6			8	
			8					6
		2						3
	8			4				
1					7	5		

Date.

Time.

4								
	8				1	2		
	9			6			5	
1				2			3	
					4	9		
	5	7						
8			5					
2			9			4	6	
	7	3			8			1

Date.

Time.

4		2		5				
					8		7	
9		3						
			6		9		5	
3								2
	6		7		2			
						4		9
	3		8					
				4		1		3

Date. _____

Time. _____

111

1			4					9
		5		2		6		
	4						2	
9					3			
	6						7	
			9					8
	3						6	
		4		3		2		
8					7			1

Date. 　　　　　Time.

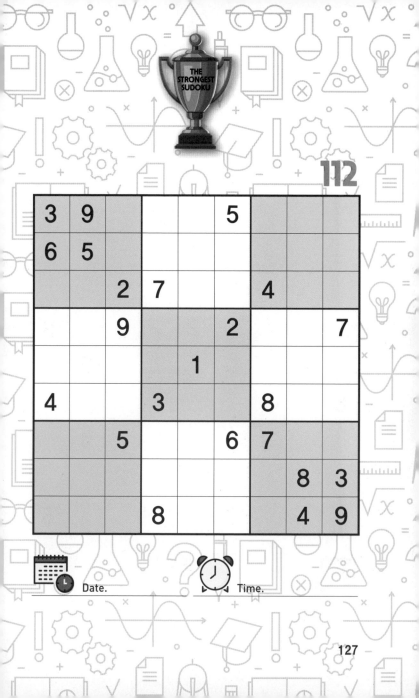

112

3	9				5			
6	5							
		2	7			4		
		9			2			7
				1				
4			3			8		
		5			6	7		
							8	3
			8				4	9

Date.   Time.

7					3			
		2		1			5	
	5					1		
				2				9
	4		9		7		8	
8				5				
		3					4	
	1			3		6		
			7					8

Date.   Time.

					4			
	1	8				2		
	2		6			7	3	
		4			1			5
				5				
6			4			1		
	8	6			9		4	
		3				5	8	
			7					

Date. _____   Time. _____

115

7			4				8	
				2				5
		6			9		3	
	8		3			2		
1				7				9
		4			5		6	
	3		1			7		
9				6				
	2				8			4

Date.

Time.

		1				2		
	4			9	8		3	
6			5					4
	5				1	9		
	3						6	
		8	2				5	
9					3			7
	8		6	4			2	
		7				6		

Date. _____

Time. _____

117

		7						1
	4			2			6	
8					4	9		
			6			8		
	2						5	
	5				8			
		2	5					7
	9			6			4	
3						1		

Date.

Time.

	9				3	2		
7				5			1	
				8				9
					6			7
	6	3				5	8	
4			1					
2				7				
	1			9				6
		8	4				3	

Date.

Time.

	2	3						7
1			4					8
				5			9	
				6			2	
		4				8		
	9			2				
	5			9				
7					2			1
8						4	3	

Date.

Time.

	8				2			5
1				6			9	
		5				7		
	4		5				3	
	7			1			8	
	9				8		1	
		8				3		
	2			9				6
4			3				7	

Date.

Time.

001

3	4	8	6	7	5	9	2	1
5	6	7	1	9	2	4	3	8
1	2	9	3	4	8	7	5	6
2	3	4	8	6	1	5	9	7
9	8	6	7	5	3	2	1	4
7	5	1	4	2	9	8	6	3
8	9	3	2	1	7	6	4	5
4	1	5	9	8	6	3	7	2
6	7	2	5	3	4	1	8	9

002

5	2	8	3	4	9	6	7	1
4	6	1	7	5	8	2	3	9
3	9	7	1	6	2	5	4	8
2	4	9	8	3	6	7	1	5
7	8	5	4	2	1	3	9	6
6	1	3	9	7	5	8	2	4
1	5	6	2	9	7	4	8	3
9	7	4	6	8	3	1	5	2
8	3	2	5	1	4	9	6	7

003

8	2	6	3	7	4	9	5	1
1	3	9	5	8	2	6	7	4
7	4	5	1	6	9	3	2	8
2	1	4	8	3	5	7	9	6
6	8	3	9	1	7	5	4	2
9	5	7	4	2	6	8	1	3
4	6	1	7	9	3	2	8	5
5	7	2	6	4	8	1	3	9
3	9	8	2	5	1	4	6	7

004

8	6	4	1	5	3	7	2	9
5	7	9	2	6	4	1	8	3
2	3	1	8	9	7	4	5	6
1	8	2	4	7	6	9	3	5
4	9	7	3	2	5	6	1	8
6	5	3	9	1	8	2	7	4
7	1	8	6	3	9	5	4	2
9	4	5	7	8	2	3	6	1
3	2	6	5	4	1	8	9	7

005

4	1	5	2	9	7	3	8	6
6	2	3	5	8	1	9	4	7
8	7	9	4	6	3	5	1	2
9	4	6	1	5	2	8	7	3
5	8	1	3	7	9	6	2	4
7	3	2	8	4	6	1	5	9
1	9	7	6	2	5	4	3	8
3	6	4	7	1	8	2	9	5
2	5	8	9	3	4	7	6	1

006

4	1	8	7	2	3	6	5	9
2	3	7	9	5	6	4	8	1
6	9	5	1	4	8	3	2	7
3	2	4	5	7	1	9	6	8
7	8	9	6	3	2	1	4	5
1	5	6	8	9	4	2	7	3
9	4	2	3	8	5	7	1	6
5	6	3	2	1	7	8	9	4
8	7	1	4	6	9	5	3	2

007

4	8	2	7	3	5	6	9	1
3	7	6	8	9	1	2	5	4
1	5	9	6	2	4	8	7	3
2	4	1	9	7	3	5	6	8
7	9	3	5	8	6	4	1	2
5	6	8	1	4	2	9	3	7
6	3	4	2	1	9	7	8	5
9	1	7	4	5	8	3	2	6
8	2	5	3	6	7	1	4	9

008

9	1	5	3	2	4	8	7	6
8	7	4	5	1	6	9	3	2
6	3	2	9	8	7	1	4	5
7	2	3	1	5	9	4	6	8
4	6	9	8	7	2	3	5	1
1	5	8	4	6	3	7	2	9
5	9	7	2	4	1	6	8	3
3	8	6	7	9	5	2	1	4
2	4	1	6	3	8	5	9	7

009

3	6	2	1	4	7	5	9	8
9	1	4	6	8	5	3	2	7
7	8	5	2	9	3	1	6	4
1	5	9	3	2	4	8	7	6
6	3	8	7	5	9	2	4	1
4	2	7	8	6	1	9	5	3
8	9	3	4	7	2	6	1	5
2	4	6	5	1	8	7	3	9
5	7	1	9	3	6	4	8	2

010

5	4	1	8	2	7	3	9	6
9	7	2	4	3	6	5	8	1
3	8	6	1	9	5	7	4	2
1	2	7	3	4	8	9	6	5
8	3	9	5	6	1	4	2	7
4	6	5	2	7	9	8	1	3
6	9	3	7	1	4	2	5	8
7	5	4	6	8	2	1	3	9
2	1	8	9	5	3	6	7	4

011

9	5	6	1	4	2	8	7	3
8	7	4	3	5	9	1	2	6
1	2	3	6	8	7	9	5	4
2	3	8	9	7	6	4	1	5
7	9	5	4	3	1	6	8	2
6	4	1	5	2	8	3	9	7
5	6	7	8	1	3	2	4	9
4	8	9	2	6	5	7	3	1
3	1	2	7	9	4	5	6	8

012

7	1	3	4	8	9	5	6	2
8	9	5	6	1	2	4	3	7
6	4	2	7	5	3	1	8	9
5	2	7	9	4	6	3	1	8
9	3	4	1	7	8	6	2	5
1	8	6	2	3	5	7	9	4
4	6	8	3	9	7	2	5	1
3	5	1	8	2	4	9	7	6
2	7	9	5	6	1	8	4	3

013

1	8	6	4	3	9	7	5	2
7	5	3	8	2	6	1	4	9
2	9	4	5	1	7	8	6	3
9	4	8	1	5	2	3	7	6
6	3	2	9	7	4	5	1	8
5	7	1	3	6	8	9	2	4
4	1	5	6	8	3	2	9	7
8	6	7	2	9	1	4	3	5
3	2	9	7	4	5	6	8	1

014

3	2	1	8	6	9	7	4	5
5	7	8	2	4	1	3	9	6
9	4	6	7	3	5	1	8	2
1	3	5	9	8	7	6	2	4
7	9	2	6	5	4	8	1	3
6	8	4	3	1	2	5	7	9
8	5	9	4	7	3	2	6	1
2	6	3	1	9	8	4	5	7
4	1	7	5	2	6	9	3	8

015

4	5	8	2	1	3	6	9	7
3	6	7	4	5	9	1	2	8
2	1	9	8	7	6	3	4	5
1	3	5	9	2	8	4	7	6
8	2	6	1	4	7	9	5	3
7	9	4	3	6	5	2	8	1
5	4	2	7	3	1	8	6	9
6	8	3	5	9	2	7	1	4
9	7	1	6	8	4	5	3	2

016

6	1	7	2	3	5	9	4	8
3	2	4	9	7	8	6	5	1
9	8	5	6	4	1	7	3	2
2	4	3	7	1	6	5	8	9
7	9	6	8	5	4	1	2	3
1	5	8	3	9	2	4	7	6
4	3	2	5	6	9	8	1	7
8	6	1	4	2	7	3	9	5
5	7	9	1	8	3	2	6	4

017

6	1	8	5	4	3	2	7	9
7	3	5	8	9	2	1	4	6
9	4	2	7	6	1	3	5	8
5	9	6	3	8	4	7	2	1
2	7	3	9	1	6	5	8	4
4	8	1	2	7	5	9	6	3
3	6	9	4	5	7	8	1	2
8	5	4	1	2	9	6	3	7
1	2	7	6	3	8	4	9	5

018

6	2	9	1	3	5	4	7	8
3	8	1	9	4	7	2	5	6
7	4	5	2	6	8	3	1	9
4	5	3	6	8	2	7	9	1
8	9	2	5	7	1	6	3	4
1	7	6	3	9	4	8	2	5
2	3	8	4	5	9	1	6	7
5	6	4	7	1	3	9	8	2
9	1	7	8	2	6	5	4	3

019

5	3	2	9	8	4	6	7	1
6	9	1	2	3	7	8	4	5
7	8	4	5	1	6	3	2	9
3	5	8	1	4	2	7	9	6
2	4	7	8	6	9	1	5	3
9	1	6	3	7	5	4	8	2
1	2	3	7	9	8	5	6	4
8	6	5	4	2	3	9	1	7
4	7	9	6	5	1	2	3	8

020

8	1	4	2	5	6	7	3	9
2	7	3	4	9	8	5	1	6
5	6	9	7	1	3	8	4	2
6	5	8	1	4	2	9	7	3
4	2	1	9	3	7	6	8	5
3	9	7	6	8	5	1	2	4
7	8	5	3	6	4	2	9	1
9	4	6	8	2	1	3	5	7
1	3	2	5	7	9	4	6	8

021

9	6	4	8	7	1	5	3	2
8	1	3	5	2	6	4	7	9
7	2	5	4	3	9	1	6	8
3	8	1	2	6	4	9	5	7
4	7	6	9	5	8	3	2	1
5	9	2	7	1	3	6	8	4
1	5	8	3	4	7	2	9	6
6	3	7	1	9	2	8	4	5
2	4	9	6	8	5	7	1	3

022

5	4	2	7	1	9	3	8	6
6	7	9	2	8	3	4	5	1
3	8	1	4	6	5	2	9	7
9	3	5	6	4	7	1	2	8
8	1	6	9	5	2	7	3	4
4	2	7	1	3	8	5	6	9
2	9	4	3	7	6	8	1	5
1	6	8	5	2	4	9	7	3
7	5	3	8	9	1	6	4	2

023

8	2	9	3	5	7	1	4	6
3	6	5	1	4	9	2	8	7
7	4	1	6	8	2	9	3	5
6	9	2	8	3	5	4	7	1
5	1	7	4	9	6	3	2	8
4	8	3	7	2	1	5	6	9
2	7	6	5	1	3	8	9	4
9	5	8	2	7	4	6	1	3
1	3	4	9	6	8	7	5	2

024

9	1	2	6	8	3	5	7	4
3	8	6	5	4	7	9	2	1
7	5	4	9	1	2	6	8	3
5	6	3	1	7	8	2	4	9
2	7	9	4	5	6	1	3	8
1	4	8	2	3	9	7	5	6
8	3	5	7	6	1	4	9	2
4	9	1	8	2	5	3	6	7
6	2	7	3	9	4	8	1	5

025

3	6	1	8	7	4	5	2	9
4	2	8	9	5	1	7	3	6
5	9	7	6	3	2	8	1	4
8	4	2	7	9	3	1	6	5
1	5	9	4	6	8	3	7	2
7	3	6	1	2	5	9	4	8
2	8	3	5	1	6	4	9	7
6	7	5	3	4	9	2	8	1
9	1	4	2	8	7	6	5	3

026

8	6	2	3	7	1	4	9	5
5	9	7	8	4	6	3	2	1
1	4	3	9	2	5	7	8	6
2	5	1	7	8	9	6	3	4
9	3	8	6	5	4	1	7	2
6	7	4	2	1	3	9	5	8
7	1	6	5	3	8	2	4	9
3	8	9	4	6	2	5	1	7
4	2	5	1	9	7	8	6	3

027

6	1	4	5	9	8	7	2	3
5	3	7	1	6	2	9	8	4
8	2	9	4	7	3	1	5	6
9	6	2	7	8	4	3	1	5
7	4	8	3	1	5	6	9	2
3	5	1	9	2	6	8	4	7
1	9	6	2	4	7	5	3	8
4	8	5	6	3	1	2	7	9
2	7	3	8	5	9	4	6	1

028

2	6	5	7	1	8	4	9	3
3	9	7	4	5	6	2	1	8
8	4	1	2	9	3	6	7	5
5	8	9	6	3	2	1	4	7
7	3	6	1	4	9	5	8	2
4	1	2	8	7	5	3	6	9
9	7	3	5	6	1	8	2	4
6	2	4	3	8	7	9	5	1
1	5	8	9	2	4	7	3	6

029

4	2	8	1	6	7	5	3	9
5	1	3	2	8	9	7	6	4
7	6	9	4	5	3	8	2	1
6	8	4	7	2	5	9	1	3
9	7	1	3	4	6	2	8	5
3	5	2	8	9	1	6	4	7
2	4	5	9	1	8	3	7	6
8	3	6	5	7	4	1	9	2
1	9	7	6	3	2	4	5	8

030

7	8	6	9	1	3	2	4	5
9	1	2	5	4	6	8	7	3
4	3	5	2	8	7	1	6	9
3	2	7	4	5	9	6	1	8
1	4	9	7	6	8	3	5	2
6	5	8	1	3	2	7	9	4
2	6	1	8	9	4	5	3	7
5	7	4	3	2	1	9	8	6
8	9	3	6	7	5	4	2	1

031

1	8	5	2	3	6	4	9	7
3	9	7	8	4	1	5	2	6
2	4	6	9	7	5	1	8	3
7	1	8	4	2	3	6	5	9
5	6	2	7	1	9	8	3	4
9	3	4	6	5	8	7	1	2
4	7	1	3	8	2	9	6	5
6	5	3	1	9	4	2	7	8
8	2	9	5	6	7	3	4	1

032

1	7	9	4	5	2	8	6	3
6	5	8	9	3	1	7	2	4
4	3	2	7	6	8	5	9	1
3	2	6	5	1	7	9	4	8
5	9	1	8	4	6	3	7	2
7	8	4	3	2	9	1	5	6
8	4	3	6	7	5	2	1	9
9	1	5	2	8	4	6	3	7
2	6	7	1	9	3	4	8	5

033

2	1	4	3	9	7	5	8	6
7	8	5	2	6	1	3	9	4
6	9	3	8	4	5	2	7	1
3	6	9	5	1	8	4	2	7
8	4	7	9	3	2	1	6	5
5	2	1	6	7	4	8	3	9
9	7	8	1	5	3	6	4	2
4	5	2	7	8	6	9	1	3
1	3	6	4	2	9	7	5	8

034

4	7	5	2	8	6	3	9	1
2	6	3	5	9	1	8	7	4
9	8	1	3	7	4	6	5	2
6	9	7	4	3	8	2	1	5
3	1	4	9	2	5	7	8	6
5	2	8	1	6	7	4	3	9
1	4	6	8	5	3	9	2	7
7	3	2	6	1	9	5	4	8
8	5	9	7	4	2	1	6	3

035

9	5	4	3	7	6	2	8	1
6	1	8	5	2	9	7	3	4
2	7	3	1	8	4	9	5	6
1	6	5	8	9	2	4	7	3
7	3	9	6	4	5	1	2	8
4	8	2	7	3	1	5	6	9
8	4	6	2	1	7	3	9	5
3	2	1	9	5	8	6	4	7
5	9	7	4	6	3	8	1	2

036

1	8	9	3	2	4	6	5	7
6	7	4	9	1	5	8	3	2
5	3	2	6	8	7	4	9	1
4	5	8	7	3	6	2	1	9
2	6	7	1	4	9	5	8	3
3	9	1	2	5	8	7	6	4
8	4	3	5	7	1	9	2	6
7	2	6	8	9	3	1	4	5
9	1	5	4	6	2	3	7	8

037

1	4	6	9	2	8	7	3	5
2	8	5	3	7	6	1	4	9
9	7	3	4	1	5	8	6	2
7	1	4	5	6	2	3	9	8
6	9	8	7	4	3	5	2	1
3	5	2	8	9	1	6	7	4
5	3	9	6	8	4	2	1	7
8	2	7	1	3	9	4	5	6
4	6	1	2	5	7	9	8	3

038

8	6	7	4	5	2	9	3	1
1	2	9	6	3	8	7	4	5
4	3	5	7	1	9	6	2	8
5	1	3	9	2	6	8	7	4
7	9	8	3	4	5	2	1	6
6	4	2	8	7	1	3	5	9
2	8	1	5	9	7	4	6	3
3	7	6	1	8	4	5	9	2
9	5	4	2	6	3	1	8	7

039

7	1	3	4	2	5	8	9	6
5	4	9	8	3	6	7	2	1
6	2	8	9	7	1	3	5	4
8	5	2	3	4	9	1	6	7
1	6	4	7	5	8	2	3	9
3	9	7	6	1	2	5	4	8
9	3	6	2	8	7	4	1	5
2	7	5	1	6	4	9	8	3
4	8	1	5	9	3	6	7	2

040

2	1	7	3	9	6	8	5	4
8	9	3	4	2	5	1	6	7
6	4	5	8	7	1	2	9	3
9	7	6	5	8	3	4	2	1
5	8	2	1	4	7	6	3	9
4	3	1	2	6	9	7	8	5
7	6	4	9	3	2	5	1	8
3	5	8	6	1	4	9	7	2
1	2	9	7	5	8	3	4	6

041

7	3	2	5	1	4	9	8	6
8	9	5	7	6	3	1	2	4
1	4	6	9	8	2	7	3	5
4	5	8	1	2	6	3	9	7
3	2	1	4	7	9	6	5	8
9	6	7	8	3	5	4	1	2
2	8	3	6	9	7	5	4	1
5	7	9	2	4	1	8	6	3
6	1	4	3	5	8	2	7	9

042

1	2	3	9	5	6	8	7	4
7	4	8	2	1	3	6	5	9
6	5	9	8	7	4	3	1	2
8	1	6	4	2	5	9	3	7
9	7	4	3	8	1	5	2	6
5	3	2	6	9	7	1	4	8
4	9	1	7	3	8	2	6	5
3	8	7	5	6	2	4	9	1
2	6	5	1	4	9	7	8	3

043

1	6	8	3	7	2	9	4	5
7	2	5	4	1	9	3	8	6
9	4	3	5	6	8	1	2	7
6	3	2	7	9	5	4	1	8
8	5	7	1	3	4	6	9	2
4	1	9	8	2	6	5	7	3
3	9	6	2	8	1	7	5	4
2	7	4	9	5	3	8	6	1
5	8	1	6	4	7	2	3	9

044

9	7	6	1	8	4	2	3	5
8	5	4	2	9	3	6	7	1
2	1	3	5	7	6	8	4	9
1	4	8	7	2	9	3	5	6
7	6	9	4	3	5	1	2	8
5	3	2	6	1	8	7	9	4
6	2	1	9	4	7	5	8	3
3	9	7	8	5	1	4	6	2
4	8	5	3	6	2	9	1	7

045

5	8	3	2	9	1	7	4	6
9	6	2	5	4	7	8	3	1
1	7	4	8	3	6	5	2	9
3	4	6	1	8	5	2	9	7
2	1	7	9	6	4	3	8	5
8	9	5	3	7	2	1	6	4
6	5	1	4	2	3	9	7	8
4	2	9	7	5	8	6	1	3
7	3	8	6	1	9	4	5	2

046

7	5	2	1	3	9	6	4	8
6	3	8	4	5	7	9	2	1
9	4	1	8	6	2	5	7	3
3	2	7	9	4	5	8	1	6
8	6	5	2	7	1	4	3	9
1	9	4	6	8	3	2	5	7
5	1	6	3	2	8	7	9	4
4	7	9	5	1	6	3	8	2
2	8	3	7	9	4	1	6	5

047

1	2	8	5	6	4	9	3	7
5	6	4	9	7	3	2	8	1
9	7	3	8	2	1	4	5	6
6	5	7	3	8	2	1	4	9
2	8	9	4	1	6	3	7	5
4	3	1	7	5	9	6	2	8
8	9	2	1	3	7	5	6	4
3	4	5	6	9	8	7	1	2
7	1	6	2	4	5	8	9	3

048

4	1	7	2	8	3	6	9	5
9	5	8	1	6	4	2	3	7
3	6	2	9	5	7	8	4	1
2	4	5	8	3	9	7	1	6
6	8	9	7	4	1	5	2	3
7	3	1	5	2	6	9	8	4
8	9	3	4	7	5	1	6	2
1	7	4	6	9	2	3	5	8
5	2	6	3	1	8	4	7	9

049

8	7	2	6	3	4	5	1	9
9	3	6	8	1	5	7	4	2
5	1	4	7	2	9	6	8	3
3	9	7	4	5	8	2	6	1
6	4	8	2	7	1	9	3	5
2	5	1	9	6	3	4	7	8
7	6	5	3	8	2	1	9	4
4	2	3	1	9	6	8	5	7
1	8	9	5	4	7	3	2	6

050

8	7	9	5	1	3	2	4	6
4	5	1	6	2	9	8	3	7
2	3	6	7	8	4	5	9	1
5	9	4	3	6	1	7	8	2
3	1	2	8	7	5	9	6	4
6	8	7	9	4	2	3	1	5
1	4	8	2	9	7	6	5	3
7	6	5	4	3	8	1	2	9
9	2	3	1	5	6	4	7	8

051

3	4	6	9	7	8	5	2	1
5	7	2	1	6	3	9	4	8
1	8	9	4	5	2	6	3	7
8	5	3	6	9	4	7	1	2
6	2	7	3	1	5	8	9	4
4	9	1	2	8	7	3	6	5
2	6	8	5	4	9	1	7	3
7	1	4	8	3	6	2	5	9
9	3	5	7	2	1	4	8	6

052

7	5	3	8	6	1	9	4	2
1	8	2	9	4	5	6	3	7
9	4	6	7	2	3	1	8	5
5	6	8	1	9	2	4	7	3
4	1	9	5	3	7	8	2	6
3	2	7	4	8	6	5	1	9
6	7	5	2	1	8	3	9	4
2	9	1	3	5	4	7	6	8
8	3	4	6	7	9	2	5	1

THE STRONGEST SUDOKU

053

6	2	4	5	8	9	1	3	7
8	7	1	2	4	3	9	5	6
5	3	9	7	1	6	2	8	4
7	9	6	8	2	5	3	4	1
2	8	3	1	6	4	5	7	9
4	1	5	3	9	7	8	6	2
1	6	2	4	5	8	7	9	3
9	5	7	6	3	2	4	1	8
3	4	8	9	7	1	6	2	5

054

8	9	2	3	5	1	4	7	6
3	5	7	4	6	9	2	1	8
4	1	6	8	2	7	5	9	3
6	4	9	1	3	8	7	2	5
7	2	3	5	4	6	1	8	9
1	8	5	9	7	2	6	3	4
5	7	4	2	8	3	9	6	1
2	3	1	6	9	5	8	4	7
9	6	8	7	1	4	3	5	2

055

4	6	3	5	7	1	9	2	8
8	1	2	9	3	4	6	7	5
9	5	7	6	8	2	3	4	1
6	8	9	4	5	7	1	3	2
3	2	5	1	6	8	7	9	4
1	7	4	3	2	9	8	5	6
7	3	8	2	1	5	4	6	9
2	4	1	7	9	6	5	8	3
5	9	6	8	4	3	2	1	7

056

4	8	5	3	6	9	1	2	7
6	1	2	4	8	7	5	9	3
9	3	7	2	5	1	4	6	8
2	9	8	1	3	5	6	7	4
5	7	1	9	4	6	3	8	2
3	6	4	8	7	2	9	5	1
8	2	3	5	9	4	7	1	6
1	5	6	7	2	3	8	4	9
7	4	9	6	1	8	2	3	5

057

2	8	1	5	4	3	6	7	9
4	3	9	6	2	7	8	1	5
7	6	5	8	1	9	2	4	3
6	1	7	2	9	5	3	8	4
3	5	4	1	8	6	9	2	7
9	2	8	3	7	4	1	5	6
8	7	3	4	6	1	5	9	2
5	9	2	7	3	8	4	6	1
1	4	6	9	5	2	7	3	8

058

4	6	9	2	8	7	5	1	3
8	3	7	6	1	5	4	9	2
2	5	1	4	9	3	8	6	7
9	2	8	5	3	4	6	7	1
7	4	3	9	6	1	2	5	8
5	1	6	7	2	8	9	3	4
6	7	4	3	5	2	1	8	9
1	9	2	8	7	6	3	4	5
3	8	5	1	4	9	7	2	6

059

6	4	1	2	9	7	8	3	5
8	9	7	5	3	4	6	2	1
3	2	5	8	1	6	9	4	7
2	7	9	1	6	3	4	5	8
1	5	8	7	4	2	3	9	6
4	3	6	9	5	8	7	1	2
5	1	3	6	7	9	2	8	4
7	8	4	3	2	1	5	6	9
9	6	2	4	8	5	1	7	3

060

4	8	6	7	5	9	2	3	1
1	5	7	2	3	6	8	4	9
3	2	9	8	4	1	6	7	5
2	3	5	9	8	7	1	6	4
8	6	4	3	1	2	9	5	7
9	7	1	5	6	4	3	2	8
6	4	3	1	9	5	7	8	2
5	1	2	6	7	8	4	9	3
7	9	8	4	2	3	5	1	6

THE STRONGEST SUDOKU

061

9	8	1	7	5	4	6	2	3
6	7	2	1	3	9	4	8	5
5	4	3	8	2	6	7	9	1
7	2	9	3	6	8	5	1	4
8	6	4	5	1	7	9	3	2
1	3	5	4	9	2	8	6	7
4	9	8	2	7	3	1	5	6
3	1	7	6	8	5	2	4	9
2	5	6	9	4	1	3	7	8

062

8	5	1	2	3	9	7	6	4
9	7	4	1	8	6	5	2	3
6	2	3	7	5	4	8	9	1
2	1	6	3	9	7	4	5	8
5	4	7	8	2	1	6	3	9
3	9	8	4	6	5	1	7	2
7	8	2	6	1	3	9	4	5
1	6	9	5	4	2	3	8	7
4	3	5	9	7	8	2	1	6

063

6	2	7	1	3	9	4	5	8
9	3	4	5	8	2	1	6	7
5	1	8	6	4	7	9	3	2
4	7	9	2	5	8	6	1	3
1	8	3	4	9	6	2	7	5
2	6	5	3	7	1	8	9	4
7	5	6	9	2	4	3	8	1
3	9	2	8	1	5	7	4	6
8	4	1	7	6	3	5	2	9

064

2	1	3	6	8	9	7	5	4
8	9	7	5	3	4	2	1	6
4	6	5	1	7	2	3	9	8
1	7	8	9	2	5	4	6	3
9	3	4	7	6	1	5	8	2
6	5	2	3	4	8	9	7	1
7	4	1	2	5	6	8	3	9
3	2	6	8	9	7	1	4	5
5	8	9	4	1	3	6	2	7

065

2	5	3	8	9	1	6	7	4
9	7	6	3	5	4	8	2	1
4	8	1	6	7	2	3	5	9
1	6	7	9	4	3	5	8	2
8	9	2	5	1	6	4	3	7
5	3	4	7	2	8	1	9	6
3	2	8	4	6	9	7	1	5
6	1	5	2	3	7	9	4	8
7	4	9	1	8	5	2	6	3

066

4	2	9	1	8	5	6	3	7
1	6	7	3	4	2	8	9	5
8	3	5	9	6	7	2	1	4
7	5	1	8	3	4	9	6	2
2	8	6	7	5	9	3	4	1
3	9	4	6	2	1	7	5	8
6	1	3	5	7	8	4	2	9
9	7	2	4	1	3	5	8	6
5	4	8	2	9	6	1	7	3

067

8	6	2	5	7	9	1	4	3
1	5	4	6	3	8	7	9	2
7	9	3	1	2	4	8	5	6
3	8	1	7	9	5	2	6	4
2	7	9	4	8	6	3	1	5
6	4	5	2	1	3	9	7	8
9	2	6	3	4	7	5	8	1
4	1	8	9	5	2	6	3	7
5	3	7	8	6	1	4	2	9

068

7	5	4	1	6	8	9	2	3
2	9	3	5	7	4	6	8	1
8	6	1	2	9	3	7	4	5
1	7	8	9	4	5	2	3	6
3	4	5	6	2	7	8	1	9
9	2	6	3	8	1	4	5	7
5	8	7	4	1	9	3	6	2
4	1	2	7	3	6	5	9	8
6	3	9	8	5	2	1	7	4

THE STRONGEST SUDOKU

069

6	8	9	7	3	1	5	2	4
4	3	7	5	2	6	8	1	9
2	1	5	9	4	8	6	3	7
3	5	2	6	9	4	7	8	1
8	9	6	1	7	5	2	4	3
1	7	4	2	8	3	9	6	5
9	6	1	3	5	2	4	7	8
7	2	8	4	1	9	3	5	6
5	4	3	8	6	7	1	9	2

070

3	2	1	7	8	6	5	4	9
9	8	6	2	4	5	3	1	7
5	4	7	9	3	1	8	6	2
2	6	9	3	1	4	7	8	5
1	7	4	8	5	9	2	3	6
8	5	3	6	2	7	4	9	1
6	9	8	5	7	3	1	2	4
7	1	2	4	9	8	6	5	3
4	3	5	1	6	2	9	7	8

071

9	8	7	2	1	4	3	6	5
5	4	2	6	7	3	9	8	1
1	3	6	5	8	9	7	2	4
8	9	1	4	3	2	6	5	7
4	7	5	9	6	8	2	1	3
6	2	3	7	5	1	4	9	8
7	5	4	8	2	6	1	3	9
2	1	8	3	9	7	5	4	6
3	6	9	1	4	5	8	7	2

072

4	6	3	1	2	5	9	7	8
9	1	5	4	8	7	6	3	2
7	8	2	9	6	3	5	1	4
3	5	8	7	1	6	2	4	9
1	4	6	8	9	2	7	5	3
2	7	9	3	5	4	1	8	6
8	2	7	6	3	1	4	9	5
5	9	1	2	4	8	3	6	7
6	3	4	5	7	9	8	2	1

073

9	4	8	6	5	1	2	7	3
6	2	3	8	4	7	5	9	1
7	5	1	3	2	9	4	8	6
2	8	7	4	1	3	6	5	9
4	6	9	5	8	2	3	1	7
1	3	5	9	7	6	8	4	2
8	9	2	7	6	5	1	3	4
5	7	6	1	3	4	9	2	8
3	1	4	2	9	8	7	6	5

074

2	9	8	6	3	7	5	1	4
5	7	3	1	4	2	9	8	6
6	4	1	8	5	9	3	7	2
9	6	4	7	8	5	1	2	3
8	3	5	2	1	6	7	4	9
7	1	2	4	9	3	8	6	5
1	2	9	3	6	8	4	5	7
3	8	6	5	7	4	2	9	1
4	5	7	9	2	1	6	3	8

075

7	3	6	2	8	4	5	9	1
5	4	2	1	7	9	3	8	6
8	1	9	6	3	5	7	2	4
3	7	4	9	2	6	1	5	8
2	8	5	3	1	7	6	4	9
9	6	1	4	5	8	2	3	7
4	9	3	7	6	2	8	1	5
1	5	7	8	4	3	9	6	2
6	2	8	5	9	1	4	7	3

076

1	4	2	5	7	8	6	3	9
9	8	3	4	6	2	7	1	5
5	6	7	9	3	1	8	4	2
2	9	8	3	4	6	1	5	7
4	7	1	2	8	5	9	6	3
6	3	5	1	9	7	4	2	8
7	2	9	6	5	4	3	8	1
3	1	6	8	2	9	5	7	4
8	5	4	7	1	3	2	9	6

THE STRONGEST SUDOKU

077

5	3	9	2	7	4	6	8	1
7	8	2	1	3	6	5	9	4
6	4	1	9	5	8	7	2	3
2	9	5	8	6	3	1	4	7
3	6	7	4	2	1	8	5	9
4	1	8	7	9	5	3	6	2
1	7	4	6	8	2	9	3	5
9	5	6	3	4	7	2	1	8
8	2	3	5	1	9	4	7	6

078

8	4	5	2	6	1	9	7	3
3	9	1	8	7	5	2	6	4
6	7	2	3	4	9	8	5	1
5	1	8	4	2	7	6	3	9
9	2	6	5	1	3	7	4	8
4	3	7	9	8	6	1	2	5
2	5	9	6	3	8	4	1	7
1	8	4	7	5	2	3	9	6
7	6	3	1	9	4	5	8	2

079

4	8	7	5	3	9	2	1	6
5	1	6	4	7	2	9	3	8
9	3	2	1	8	6	4	5	7
1	7	4	6	9	8	5	2	3
8	2	3	7	1	5	6	4	9
6	5	9	2	4	3	7	8	1
2	4	1	8	6	7	3	9	5
3	6	5	9	2	1	8	7	4
7	9	8	3	5	4	1	6	2

080

8	4	3	1	9	6	7	5	2
6	2	9	4	5	7	1	8	3
1	7	5	8	2	3	4	6	9
3	5	1	7	6	8	2	9	4
9	8	4	5	1	2	6	3	7
7	6	2	3	4	9	8	1	5
4	1	7	9	8	5	3	2	6
2	9	8	6	3	4	5	7	1
5	3	6	2	7	1	9	4	8

081

8	1	9	5	4	7	6	2	3
3	4	2	6	1	8	9	5	7
6	5	7	2	3	9	4	1	8
2	9	6	7	8	3	5	4	1
7	3	4	9	5	1	2	8	6
1	8	5	4	2	6	7	3	9
5	6	8	3	9	4	1	7	2
9	2	3	1	7	5	8	6	4
4	7	1	8	6	2	3	9	5

082

4	1	9	3	7	8	5	6	2
5	6	3	9	2	1	4	8	7
7	2	8	4	6	5	3	9	1
3	9	1	2	4	7	8	5	6
6	7	2	5	8	9	1	4	3
8	5	4	1	3	6	2	7	9
2	4	7	8	9	3	6	1	5
1	3	6	7	5	4	9	2	8
9	8	5	6	1	2	7	3	4

083

2	7	9	5	4	1	8	6	3
8	5	1	3	9	6	2	4	7
4	3	6	7	2	8	1	9	5
7	4	3	6	5	2	9	8	1
6	1	8	9	3	4	5	7	2
5	9	2	1	8	7	4	3	6
3	6	4	2	1	9	7	5	8
1	8	7	4	6	5	3	2	9
9	2	5	8	7	3	6	1	4

084

9	1	3	7	5	4	6	2	8
8	4	7	9	2	6	3	1	5
5	2	6	3	8	1	7	4	9
6	7	5	4	9	8	2	3	1
4	8	2	1	3	5	9	6	7
3	9	1	2	6	7	8	5	4
1	6	8	5	7	2	4	9	3
2	5	9	8	4	3	1	7	6
7	3	4	6	1	9	5	8	2

085

8	1	9	4	7	2	6	3	5
5	7	6	1	9	3	4	2	8
3	4	2	6	5	8	9	7	1
1	9	8	2	3	7	5	4	6
2	6	5	8	4	1	7	9	3
4	3	7	9	6	5	1	8	2
6	5	3	7	2	9	8	1	4
9	2	1	5	8	4	3	6	7
7	8	4	3	1	6	2	5	9

086

2	3	7	4	6	8	1	5	9
4	9	1	5	3	7	6	8	2
6	8	5	1	9	2	3	7	4
7	6	9	8	5	1	2	4	3
1	2	8	7	4	3	9	6	5
3	5	4	9	2	6	7	1	8
9	1	3	6	8	5	4	2	7
8	4	6	2	7	9	5	3	1
5	7	2	3	1	4	8	9	6

087

7	6	3	4	5	2	1	9	8
5	1	8	9	3	7	6	2	4
4	2	9	6	1	8	5	7	3
8	7	1	2	9	3	4	5	6
3	5	6	7	4	1	2	8	9
2	9	4	5	8	6	7	3	1
6	4	5	8	7	9	3	1	2
1	8	7	3	2	4	9	6	5
9	3	2	1	6	5	8	4	7

088

8	9	1	6	2	3	4	7	5
6	2	3	7	5	4	8	1	9
7	4	5	8	1	9	3	2	6
5	7	8	3	6	2	9	4	1
4	1	2	5	9	7	6	3	8
9	3	6	1	4	8	2	5	7
2	5	7	4	8	6	1	9	3
1	6	9	2	3	5	7	8	4
3	8	4	9	7	1	5	6	2

089

3	5	9	1	2	8	4	6	7
7	1	6	9	4	5	2	8	3
4	8	2	7	6	3	9	5	1
6	3	4	8	9	7	1	2	5
9	2	5	3	1	4	8	7	6
1	7	8	2	5	6	3	9	4
8	9	7	5	3	1	6	4	2
2	4	3	6	7	9	5	1	8
5	6	1	4	8	2	7	3	9

090

9	5	3	2	8	1	6	7	4
2	7	4	9	5	6	1	3	8
6	1	8	4	3	7	5	9	2
3	8	6	1	7	4	2	5	9
5	4	7	8	2	9	3	6	1
1	2	9	5	6	3	4	8	7
7	9	5	3	1	2	8	4	6
8	6	1	7	4	5	9	2	3
4	3	2	6	9	8	7	1	5

091

9	2	7	3	6	8	5	1	4
5	4	1	2	9	7	8	3	6
6	8	3	5	4	1	7	9	2
8	3	4	1	7	2	6	5	9
2	7	9	8	5	6	1	4	3
1	6	5	4	3	9	2	7	8
7	1	8	9	2	3	4	6	5
3	5	2	6	1	4	9	8	7
4	9	6	7	8	5	3	2	1

092

8	3	6	1	2	5	9	4	7
1	4	7	8	3	9	6	5	2
5	2	9	6	4	7	8	3	1
4	6	8	9	1	2	5	7	3
7	1	5	3	8	6	4	2	9
2	9	3	7	5	4	1	8	6
3	7	1	5	9	8	2	6	4
9	8	4	2	6	3	7	1	5
6	5	2	4	7	1	3	9	8

THE
STRONGEST
SUDOKU

093

1	4	2	5	9	8	3	6	7
6	7	8	2	4	3	9	1	5
9	5	3	6	1	7	4	2	8
4	9	7	1	6	2	5	8	3
3	2	6	8	5	4	1	7	9
8	1	5	3	7	9	6	4	2
7	6	1	9	2	5	8	3	4
2	8	9	4	3	1	7	5	6
5	3	4	7	8	6	2	9	1

094

3	8	4	2	1	5	9	7	6
9	1	2	7	6	8	4	3	5
7	5	6	4	9	3	8	1	2
1	7	3	6	8	9	2	5	4
5	6	9	3	4	2	7	8	1
4	2	8	1	5	7	3	6	9
8	9	7	5	2	6	1	4	3
6	3	1	9	7	4	5	2	8
2	4	5	8	3	1	6	9	7

095

8	2	4	5	7	3	1	6	9
1	6	3	8	9	2	7	4	5
7	5	9	4	1	6	3	8	2
4	1	2	3	6	8	9	5	7
5	3	8	9	4	7	2	1	6
6	9	7	1	2	5	8	3	4
9	4	6	2	3	1	5	7	8
2	8	1	7	5	4	6	9	3
3	7	5	6	8	9	4	2	1

096

5	3	6	9	7	4	8	1	2
8	1	9	2	6	3	7	5	4
4	2	7	5	1	8	3	9	6
6	4	5	1	8	9	2	3	7
2	8	3	6	5	7	9	4	1
7	9	1	3	4	2	5	6	8
1	7	8	4	9	5	6	2	3
3	5	4	8	2	6	1	7	9
9	6	2	7	3	1	4	8	5

THE
STRONGEST
SUDOKU

097

3	6	2	8	4	9	7	1	5
8	7	4	5	6	1	2	3	9
9	1	5	2	7	3	6	8	4
7	2	6	9	1	4	8	5	3
4	8	9	3	5	7	1	2	6
5	3	1	6	2	8	4	9	7
1	4	3	7	8	5	9	6	2
6	5	8	4	9	2	3	7	1
2	9	7	1	3	6	5	4	8

098

5	3	2	7	8	9	1	4	6
8	9	1	6	4	5	2	7	3
4	6	7	2	3	1	9	8	5
3	8	9	1	7	6	5	2	4
6	7	5	3	2	4	8	1	9
2	1	4	9	5	8	6	3	7
1	5	8	4	6	3	7	9	2
7	4	6	8	9	2	3	5	1
9	2	3	5	1	7	4	6	8

099

5	1	4	7	8	2	6	3	9
9	3	7	6	1	5	4	2	8
6	8	2	3	9	4	1	5	7
4	2	8	1	3	7	9	6	5
7	5	3	2	6	9	8	1	4
1	9	6	5	4	8	2	7	3
8	6	1	9	5	3	7	4	2
2	4	5	8	7	1	3	9	6
3	7	9	4	2	6	5	8	1

100

1	5	9	7	6	8	4	3	2
4	3	8	1	2	9	7	5	6
7	2	6	4	3	5	1	8	9
8	6	3	9	5	7	2	1	4
9	4	1	2	8	6	3	7	5
2	7	5	3	4	1	6	9	8
5	8	2	6	7	3	9	4	1
3	9	4	5	1	2	8	6	7
6	1	7	8	9	4	5	2	3

THE STRONGEST SUDOKU

101

9	2	7	8	4	3	5	6	1
4	1	3	7	5	6	9	2	8
6	5	8	2	1	9	7	4	3
8	9	2	6	3	5	4	1	7
1	7	4	9	2	8	6	3	5
5	3	6	1	7	4	2	8	9
2	6	1	3	9	7	8	5	4
3	4	9	5	8	2	1	7	6
7	8	5	4	6	1	3	9	2

102

1	9	3	5	7	4	6	2	8
4	7	6	1	8	2	9	3	5
8	5	2	3	6	9	1	4	7
9	4	1	6	5	3	7	8	2
6	2	8	7	4	1	3	5	9
7	3	5	2	9	8	4	1	6
5	6	4	8	1	7	2	9	3
2	1	7	9	3	5	8	6	4
3	8	9	4	2	6	5	7	1

103

9	3	6	8	2	7	4	5	1
7	4	1	9	5	3	6	2	8
2	5	8	6	4	1	3	9	7
5	8	7	3	9	6	1	4	2
3	9	4	2	1	8	7	6	5
1	6	2	5	7	4	9	8	3
4	2	5	1	3	9	8	7	6
6	1	9	7	8	2	5	3	4
8	7	3	4	6	5	2	1	9

104

9	8	3	5	2	7	1	6	4
7	6	2	1	9	4	3	5	8
5	1	4	3	6	8	7	9	2
2	7	6	8	3	5	9	4	1
3	9	5	2	4	1	8	7	6
8	4	1	9	7	6	5	2	3
6	5	8	7	1	2	4	3	9
1	2	9	4	5	3	6	8	7
4	3	7	6	8	9	2	1	5

105

6	1	4	7	3	2	9	8	5
2	8	5	1	6	9	3	4	7
9	3	7	8	4	5	2	6	1
8	6	9	2	1	7	4	5	3
5	2	1	4	9	3	6	7	8
4	7	3	6	5	8	1	2	9
1	5	2	3	8	4	7	9	6
7	9	6	5	2	1	8	3	4
3	4	8	9	7	6	5	1	2

106

7	8	4	1	2	5	9	6	3
6	1	2	7	9	3	5	8	4
9	3	5	6	4	8	2	1	7
2	4	8	5	6	9	3	7	1
3	5	6	4	7	1	8	9	2
1	7	9	8	3	2	4	5	6
8	6	1	3	5	4	7	2	9
4	9	7	2	8	6	1	3	5
5	2	3	9	1	7	6	4	8

107

4	9	1	6	8	7	5	3	2
7	5	6	2	3	1	4	8	9
3	2	8	9	4	5	7	1	6
5	1	9	4	6	2	8	7	3
2	4	7	3	1	8	6	9	5
8	6	3	5	7	9	1	2	4
1	3	5	8	9	4	2	6	7
9	8	4	7	2	6	3	5	1
6	7	2	1	5	3	9	4	8

108

8	4	5	3	1	9	6	7	2
3	7	1	6	2	5	8	4	9
2	9	6	4	7	8	1	3	5
4	6	8	9	3	1	2	5	7
5	1	3	7	6	2	9	8	4
9	2	7	8	5	4	3	1	6
7	5	2	1	8	6	4	9	3
6	8	9	5	4	3	7	2	1
1	3	4	2	9	7	5	6	8

THE STRONGEST SUDOKU

109

4	3	1	2	9	5	7	8	6
5	8	6	4	7	1	2	9	3
7	9	2	8	6	3	1	5	4
1	4	9	7	2	6	8	3	5
6	2	8	3	5	4	9	1	7
3	5	7	1	8	9	6	4	2
8	6	4	5	1	2	3	7	9
2	1	5	9	3	7	4	6	8
9	7	3	6	4	8	5	2	1

110

4	7	2	9	5	1	8	3	6
6	5	1	3	2	8	9	7	4
9	8	3	4	6	7	2	1	5
2	4	8	6	3	9	7	5	1
3	1	7	5	8	4	6	9	2
5	6	9	7	1	2	3	4	8
8	2	5	1	7	3	4	6	9
1	3	4	8	9	6	5	2	7
7	9	6	2	4	5	1	8	3

111

1	2	3	4	7	6	5	8	9
7	8	5	3	2	9	6	1	4
6	4	9	8	1	5	7	2	3
9	5	2	7	8	3	1	4	6
3	6	8	5	4	1	9	7	2
4	7	1	9	6	2	3	5	8
2	3	7	1	9	4	8	6	5
5	1	4	6	3	8	2	9	7
8	9	6	2	5	7	4	3	1

112

3	9	4	6	2	5	1	7	8
6	5	7	1	4	8	9	3	2
1	8	2	7	9	3	4	5	6
5	6	9	4	8	2	3	1	7
7	3	8	5	1	9	2	6	4
4	2	1	3	6	7	8	9	5
8	4	5	9	3	6	7	2	1
9	1	6	2	7	4	5	8	3
2	7	3	8	5	1	6	4	9

THE STRONGEST SUDOKU

113

7	8	1	5	9	3	4	2	6
9	3	2	6	1	4	8	5	7
6	5	4	8	7	2	1	9	3
1	6	7	4	2	8	5	3	9
3	4	5	9	6	7	2	8	1
8	2	9	3	5	1	7	6	4
5	7	3	1	8	6	9	4	2
4	1	8	2	3	9	6	7	5
2	9	6	7	4	5	3	1	8

114

3	6	7	2	9	4	8	5	1
4	1	8	3	7	5	2	9	6
9	2	5	6	1	8	7	3	4
2	3	4	8	6	1	9	7	5
8	7	1	9	5	2	4	6	3
6	5	9	4	3	7	1	2	8
1	8	6	5	2	9	3	4	7
7	9	3	1	4	6	5	8	2
5	4	2	7	8	3	6	1	9

115

7	9	3	4	5	1	6	8	2
4	1	8	6	2	3	9	7	5
2	5	6	7	8	9	4	3	1
5	8	9	3	1	6	2	4	7
1	6	2	8	7	4	3	5	9
3	7	4	2	9	5	1	6	8
8	3	5	1	4	2	7	9	6
9	4	1	5	6	7	8	2	3
6	2	7	9	3	8	5	1	4

116

8	7	1	4	3	6	2	9	5
5	4	2	1	9	8	7	3	6
6	9	3	5	7	2	1	8	4
4	5	6	3	8	1	9	7	2
2	3	9	7	5	4	8	6	1
7	1	8	2	6	9	4	5	3
9	6	4	8	2	3	5	1	7
1	8	5	6	4	7	3	2	9
3	2	7	9	1	5	6	4	8

117

2	5	7	3	9	6	4	8	1
1	4	9	8	2	7	5	6	3
8	6	3	1	5	4	9	7	2
7	1	4	6	3	5	8	2	9
6	2	8	9	7	1	3	5	4
9	3	5	2	4	8	7	1	6
4	8	2	5	1	9	6	3	7
5	9	1	7	6	3	2	4	8
3	7	6	4	8	2	1	9	5

118

6	9	4	7	1	3	2	5	8
7	8	2	6	5	9	3	1	4
5	3	1	2	8	4	6	7	9
8	2	9	5	3	6	1	4	7
1	6	3	9	4	7	5	8	2
4	7	5	1	2	8	9	6	3
2	4	6	3	7	1	8	9	5
3	1	7	8	9	5	4	2	6
9	5	8	4	6	2	7	3	1

119

9	2	3	1	8	6	5	4	7
1	7	5	4	3	9	2	6	8
6	4	8	2	5	7	1	9	3
5	8	1	7	6	4	3	2	9
2	6	4	9	1	3	8	7	5
3	9	7	5	2	8	6	1	4
4	5	2	3	9	1	7	8	6
7	3	6	8	4	2	9	5	1
8	1	9	6	7	5	4	3	2

120

7	8	4	9	3	2	1	6	5
1	3	2	7	6	5	4	9	8
9	6	5	8	4	1	7	2	3
8	4	1	5	2	9	6	3	7
5	7	6	4	1	3	9	8	2
2	9	3	6	7	8	5	1	4
6	1	8	2	5	7	3	4	9
3	2	7	1	9	4	8	5	6
4	5	9	3	8	6	2	7	1